科学のアルバム

キノコの世界

伊沢正名

あかね書房

もくじ

監修●元日本菌学会会長
今関六也
写真協力●小松光雄
今関六也
田中　潔
小川　宏
佐藤有恒
イラスト●夏目義一
三好　進
渡辺洋二
林　四郎
装丁●画　工　舎

科学のアルバム

キノコの世界

伊沢正名（いざわ　まさな）

一九五〇年、茨城《いばらき》県に生まれる。
まわりが山やまにかこまれためぐまれた自然環境《しぜんかんきょう》のもとで育ち、
子どものころからキノコ狩《が》りなどをとおして、自然に親しんできた。
高校を中退後《ちゅうたいご》、登山や自然保護《ほご》運動に没頭《ぼっとう》、そのころから写真に興味《きょうみ》をもち、
キノコやコケなど、自然のかたすみの、あまり知られていない美しさ、
すばらしさを追い求《もと》めている。
著書《ちょしょ》に「コケの世界」（あかね書房）、
「山渓フィールドブックス・きのこ」（山と渓谷社・共著）、
「日本の毒《どく》きのこ」（学習研究社・共著）などがある。

暑《あつ》い夏《なつ》もすぎ、そろそろ秋《あき》のけはいを
感《かん》じるようになると、さわやかな風《かぜ》にのって、
各地《かくち》からキノコだよりがとどきます。

●ハリガネオチバタケ　雑木林《ぞうきばやし》などの落葉《おちば》にはえます。（写真《しゃしん》は実物《じつぶつ》の６倍《ばい》）

↑← ざるにもった食用《しょくよう》キノコ。上《うえ》，かおりのいい**コウタケ**。下《した》，味《あじ》の王《おう》さま**ホンシメジ**。落葉《おちば》にうもれたスギの切《き》りかぶから**スギヒラタケ**がはえます。

キノコ狩《が》りにいこう

秋《あき》の雨《あめ》あがりの日《ひ》に、林《はやし》へいってみましょう。そこには、いろいろなキノコが落葉《おちば》をおしのけて、いっせいに顔《かお》をだしています。

赤《あか》や黄色《きいろ》、茶色《ちゃいろ》など、色《いろ》とりどりのキノコにまじって、シメジやマツタケ、ホウキタケなどの食《た》べられるキノコもたくさんあります。

キノコ狩《が》りは、楽《たの》しい秋《あき》の行事《ぎょうじ》です。

↑**キシメジ**　マツ林《ばやし》にはえる黄色《きいろ》いシメジ。ひだも黄色《きいろ》。（½倍《ばい》）

↓**ホウキタケ**　木《き》のえだのようなキノコで，先《さき》が赤味《あかみ》がかっています。多《おお》くのなかまがあり，下痢《げり》をおこすものもあるので注意《ちゅうい》。（実物大《じつぶつだい》）

↑**マツタケ**　秋《あき》の味覚《みかく》を代表《だいひょう》するキノコ。むかしから，においマツタケ，味《あじ》**シメジ**といわれているように，かおりのとてもいい食用《しょくよう》キノコです。マツ林《ばやし》にはえます。（⅔倍《ばい》）

●食用《しょくよう》キノコ

↓**ヌメリスギタケ**　ブナやカエデなど広葉樹《こうようじゅ》のかれ木《き》にはえます。かさやくきにささくれがあり，ねばりけがあります。（⅔倍《ばい》）

⬆**ムラサキシメジ**　ぜんたいがむらさき色《いろ》をしています。広葉樹《こうようじゅ》の落葉《おちば》がつもったところや竹林《たけばやし》に，よく輪《わ》をえがいてはえることがあります。（¼倍《ばい》）

⬆**クリタケ**　広葉樹《こうようじゅ》の切《き》りかぶやたおれた木《き》にはえます。毒《どく》キノコの**ニガクリタケ**とにていますが，味《あじ》はにがくありません。（½倍《ばい》）

⬇**チチタケ**　きずがつくと白《しろ》い乳《ちち》のような液《えき》がでます。くきは縦《たて》にさけません。（実物大《じつぶつだい》）

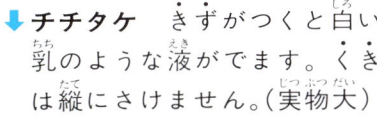

➡**タマゴタケ**　赤《あか》い色《いろ》で毒《どく》どくしい感《かん》じです。でも、毒《どく》はありません。西洋《せいよう》では「帝王《ていおう》のキノコ」といわれ、おいしいキノコの代表《だいひょう》です。毒《どく》キノコの**ベニテングタケ**ににていますが、かさには白《しろ》いいぼがなく、ひだ、くき、つばも黄色《きいろ》です。（⅔倍《ばい》）

←**ニガクリタケ**　**クリタケ**ににていますが、色《いろ》が黄色《きいろ》く強《つよ》いにが味《み》があります。毒《どく》といっても、かじってみるぐらいならだいじょうぶです。かれ木《き》や切《き》りかぶにはえ、一年《ねん》中《じゅう》みられます。（2/3倍《ばい》）

毒《どく》キノコに注意《ちゅうい》！

楽《たの》しいキノコ狩《が》りも、きけんな毒《どく》キノコには、じゅうぶん注意《ちゅうい》をしなければなりません。

むかしから毒《どく》キノコのみわけ方《かた》が、いろいろいわれてきました。たとえば毒《どく》キノコは、くきが縦《たて》にきれいにさけないとか、色《いろ》がはでで毒《どく》どくしい、などがそうです。

しかし、このようなみわけ方《かた》は、まちがっています。ほとんどの毒《どく》キノコはじみな色《いろ》です。毒《どく》キノコを一つ一つ正《ただ》しくおぼえて、中毒《ちゅうどく》をおこさないようにしましょう。

クサウラベニタケ　くきは縦《たて》にきれいにさけ，色《いろ》や形《かたち》からも，一見《いっけん》食《た》べられそうです。ひだがピンク色《いろ》になることに注意《ちゅうい》。（½倍《ばい》）

ドクツルタケ　猛毒《もうどく》があり，食《た》べるとかならず死《し》にます。つばとつぼがあることに注意《ちゅうい》。（½倍《ばい》）

ベニテングタケ　色《いろ》があざやかな毒《どく》キノコはこれだけです。かさの色《いろ》が赤《あか》い以外《いがい》は，**テングタケ**とおなじ。（½倍《ばい》）

テングタケ　かさには白《しろ》いいぼ，くきにはつばがあり，根《ね》もとはふくらんでつぼのなごりがあります。（⅓倍《ばい》）

●**毒《どく》キノコ**

ツキヨタケ　**シイタケ**や**ムキタケ**，**ヒラタケ**ににてますが，さくとくきのところに黒《くろ》っぽいしみがあります。ブナなどのかれ木《き》にはえ，暗《くら》やみではひだが青《あお》白《じろ》く光《ひか》ってみえます。(左《ひだり》，$\frac{1}{4}$倍《ばい》)

⬆**シロサクラタケ**の子実体《しじったい》(右《みぎ》)とその菌糸体《きんしたい》(左《ひだり》)。ばらばらにはえているようにみえたキノコも，落葉《おちば》をとってみると，１つの菌糸体《きんしたい》からはえていました。

キノコのからだのつくり

地面《じめん》から顔《かお》をだしているキノコ。その地《ち》下《か》の部《ぶ》分《ぶん》はどうなっているでしょう。そっとほってみましょう。そこには、白《しろ》いワタのように細《ほそ》い糸《いと》がからまっています。

実《じつ》は、これは菌《きん》糸《し》体《たい》といって、キノコのほんとうのからだです。キノコとよんでいる部《ぶ》分《ぶん》は、たねでふえる植物《しょくぶつ》でいうと花《はな》にあたり、子《し》孫《そん》をふやすための部《ぶ》分《ぶん》です。菌《きん》糸《し》体《たい》に対《たい》して、キノコを子《し》実《じつ》体《たい》といいます。

子《し》実《じつ》体《たい》は大《おお》まかにみると、かさとくき、ひだにわかれます。ひだの表面《ひょうめん》では、胞《ほう》子《し》をたくさんつくります。キノコは胞《ほう》子《し》で子《し》孫《そん》をふやすのです。

（1.5倍《ばい》）

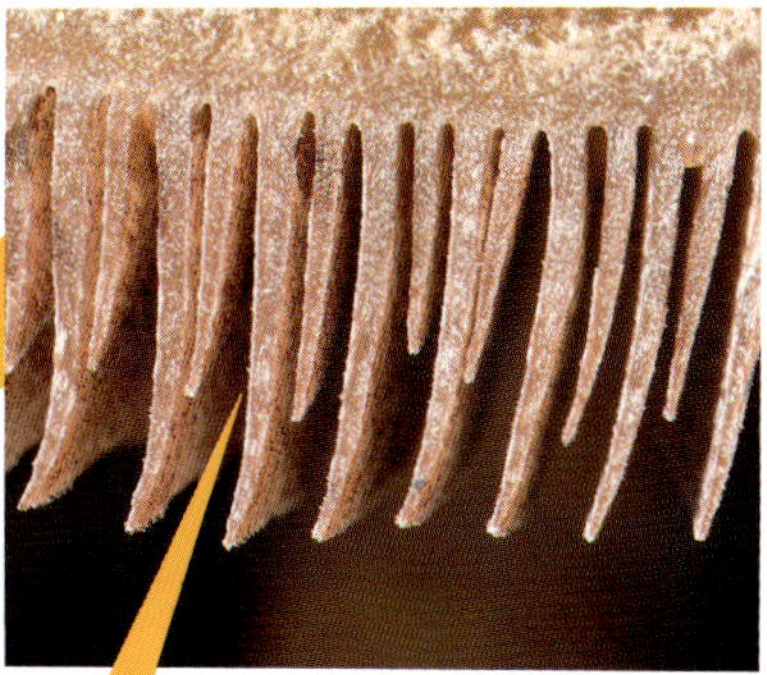

ひだでは，胞子《ほうし》をつくっています。（5倍《ばい》）

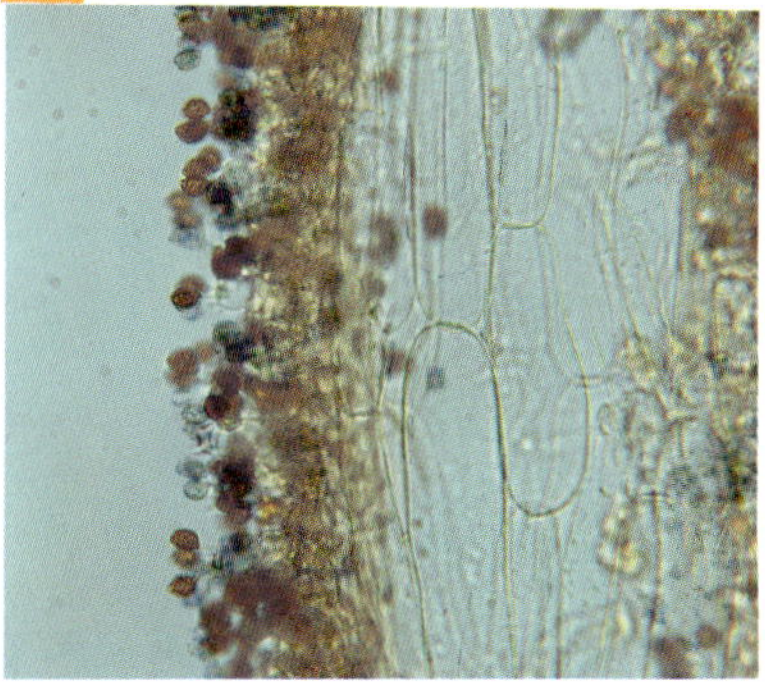

ひだの部分《ぶぶん》を拡大《かくだい》。黒《くろ》いつぶが胞子《ほうし》です。（200倍《ばい》）

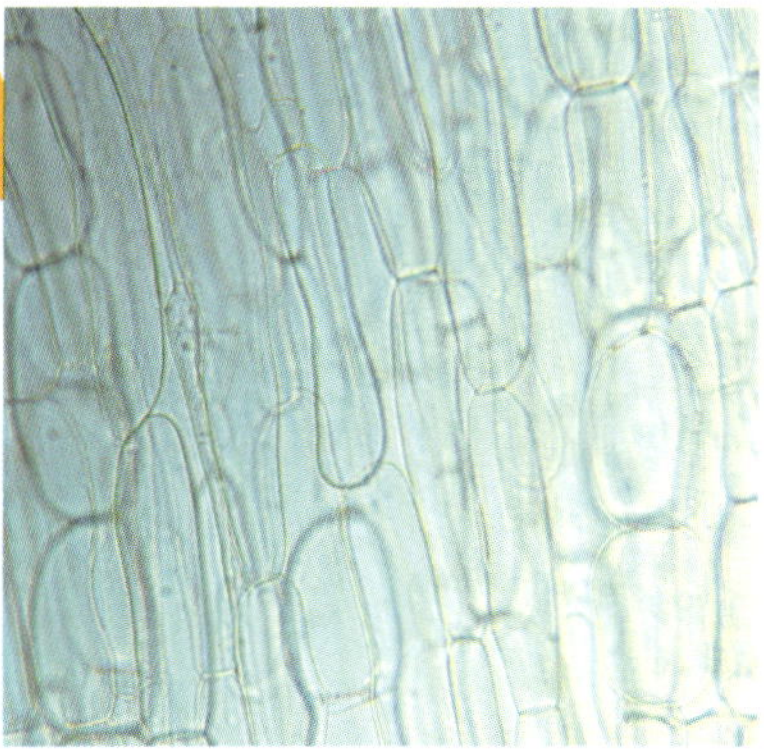

子実体《しじったい》も菌糸体《きんしたい》とおなじく，菌糸《きんし》があつまってできていますが，菌糸《きんし》が太《ふと》い。（200倍《ばい》）

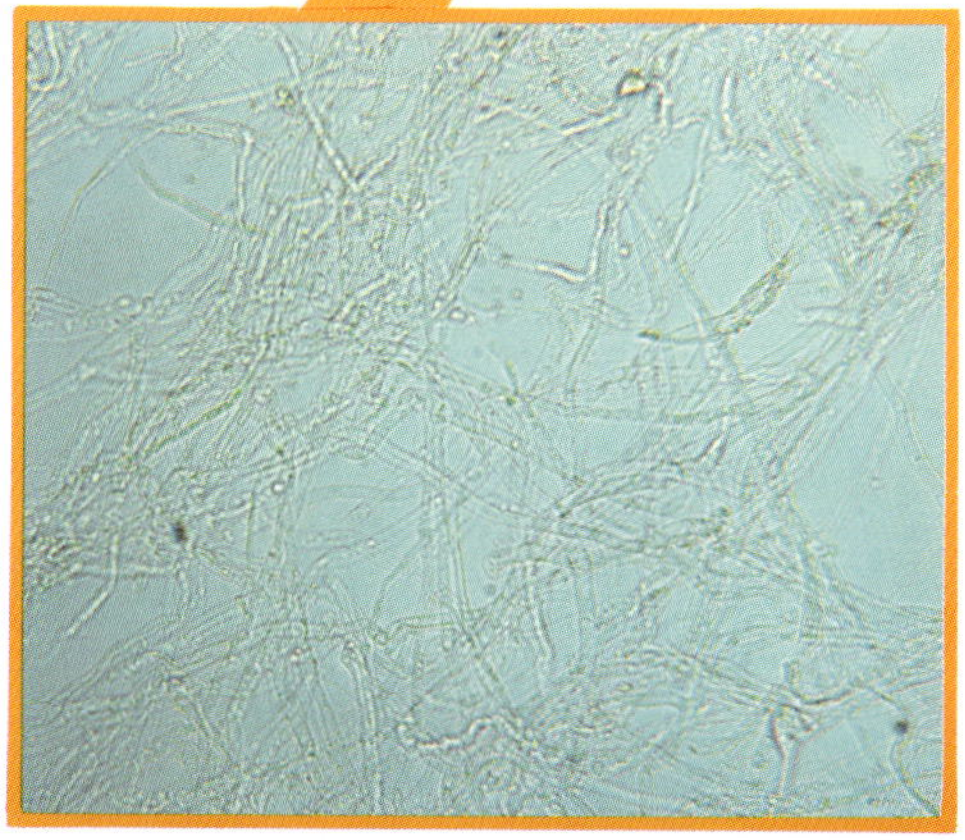

菌糸体《きんしたい》は，細胞《さいぼう》が一列《れつ》にならんだ細《ほそ》い菌糸《きんし》があつまってできています。ふつうの植物《しょくぶつ》の根《ね》やくき，葉《は》にあたる部《ぶ》分《ぶん》です。（100倍《ばい》）

●ふつうよくみられるこうもりがさをひろげたようなキノコのからだを，**ムジナタケ**を例《れい》にしらべてみました。

←**コテングタケ**　くきの途中《とちゅう》につば，根《ね》もとにはつぼ，かさの表面《ひょうめん》にはつぼみのからの破片《はへん》がいぼになってのこっています。これらの特《とく》ちょうは，**テングタケ**のなかまによくみられます。（½倍《ばい》）

↓つぼみからキノコが成長《せいちょう》するようす。つぼみぜんたいをつつんでいるからはつぼやいぼに，若《わか》いかさのうら側《がわ》にあって，ひだをまもっているまくは，つばとしてくきにのこります。

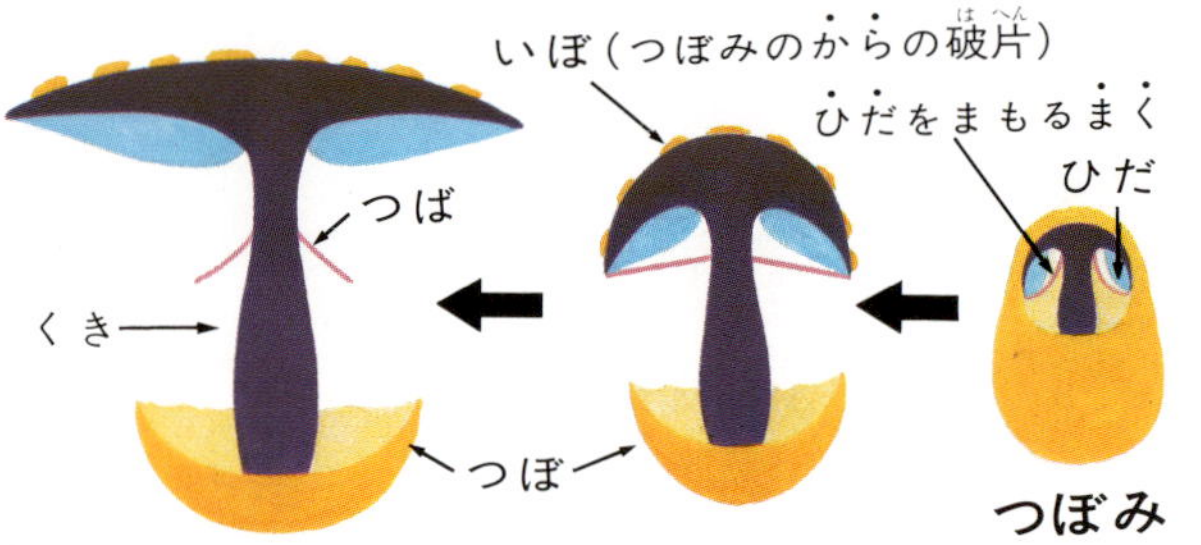

キノコがまだ小《ちい》さいうちは、つぼみといいます。何《なん》種類《しゅるい》かのキノコのつぼみは、からでおおわれてまもられています。キノコは大《おお》きくなるにつれて、花《はな》がさくように、だんだんかさをひろげていきます。

種類《しゅるい》によっては、キノコが成長《せいちょう》したあとでも、つぼみをおおっていたからの一部《いちぶ》が、つぼや、かさの上《うえ》のいぼとしてのこることがあります。また、ひだをつつんでいたまくはつばになることがあります。

キッコウアワタケ　胞子《ほうし》をつくる部分《ぶぶん》は，管《くだ》あな状《じょう》になっています。（1/2倍《ばい》）

シロカノシタ　胞子《ほうし》をつくる部分《ぶぶん》は，針状《はりじょう》になっています。（1/2倍《ばい》）

キノコにとって、最《もっと》もたいせつなのは胞子《ほうし》をつくる部分《ぶぶん》です。ここの表面積《ひょうめんせき》が大《おお》きいほど、胞子《ほうし》がたくさんできるわけです。そこでキノコは、ひだや管《くだ》あな、針状《はりじょう》などの形《かたち》で、表面積《ひょうめんせき》を大《おお》きくするくふうをしています。

スエヒロタケ　ひだのふちは，2つにわかれています。このひだは，かわいたときにはふちがひらいて，となりどうしがくっつき，胞子《ほうし》をかんそうからまもります。（2倍《ばい》）

↓ノボリリュウ　リュウが天《てん》にのぼっていく姿《すがた》ににているので，この名前《なまえ》があります。（実物大《じつぶつだい》）

↑ヘラタケ　しゃもじの形《かたち》にそっくり。針葉樹《しんようじゅ》の落葉《おちば》の上《うえ》に列《れつ》をつくってはえます。（２倍《ばい》）

かわった形《かたち》のキノコ

一万《まん》種類《しゅるい》以上《いじょう》もあるキノコです。なかには、かわった形《かたち》のものもたくさんあります。

しかし、どんな形《かたち》のキノコでも、菌糸《きんし》は白《しろ》い糸状《いとじょう》で、あまり変化《へんか》はありません。ほとんどおなじようにみえる菌糸《きんし》から、こんなにいろいろな形《かたち》のキノコがうまれるのですから、ふしぎです。

⬆**アミガサタケ**　深《ふか》いあみがさをかぶったような姿《すがた》で，春《はる》にみられるキノコです。(実物大《じつぶつだい》)

⬇**サンコタケ**　仏教《ぶっきょう》でつかう三鈷《さんこ》という道具《どうぐ》ににています。(実物大《じつぶつだい》)

⬆**スジチャダイゴケ**　コップの中《なか》にたまごがはいっているような姿《すがた》をしてます。(２倍《ばい》)

⬆**ベニチャワンタケ**　ちゃわん形《がた》でくさった木《き》にはえます。(実物大《じつぶつだい》)

⬇**コフキサルノコシカケ**　木《き》のようにかたくてじょうぶで，何年《なんねん》にもわたって成長《せいちょう》をつづけて大《おお》きくなります。

➡①胞子《ほうし》はしめったときにひだからはなれやすいので、ぬれた脱脂綿《だっしめん》をかさの上《うえ》にのせます。②風《かぜ》がはいらないようにふたをして、三～四時間《じかん》おきます。③こすらないように、かさをそっともちあげると胞子《ほうし》紋《もん》がとれます。

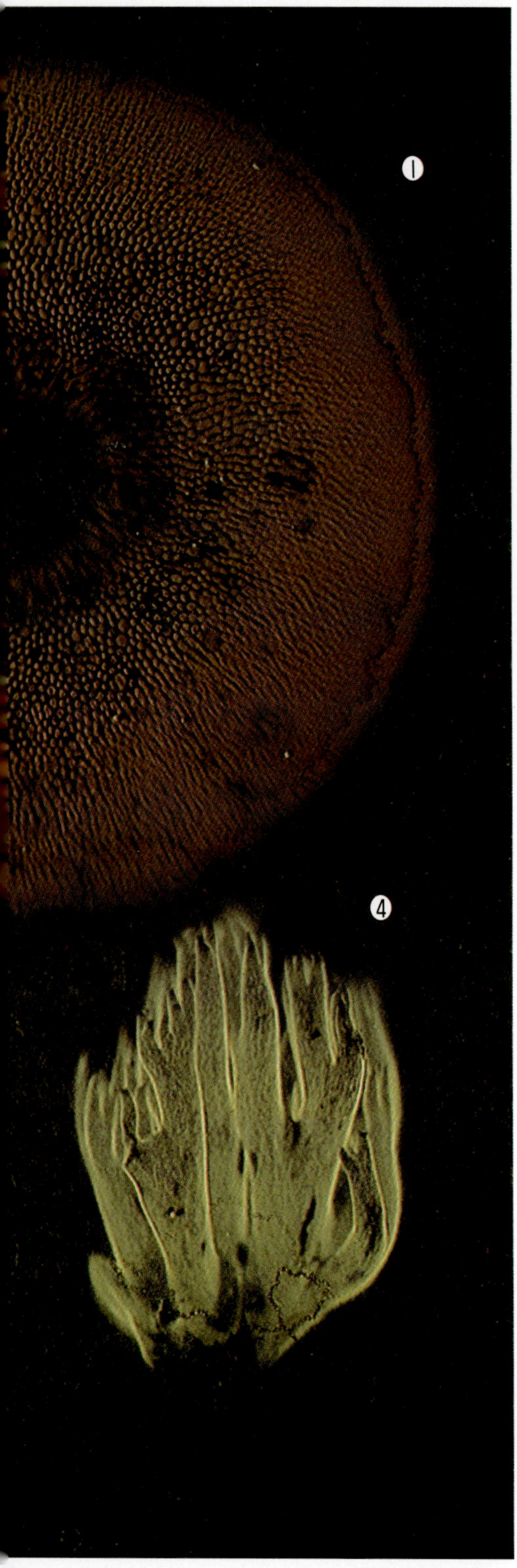

⬅いろいろな形《かたち》の胞子《ほうし》紋《もん》。①**イグチ**、②**テングタケ**、③**チチタケ**、④**ホウキタケ**。

胞子《ほうし》紋《もん》

キノコは、種類《しゅるい》によって胞子《ほうし》の色《いろ》がちがいます。ですから、胞子《ほうし》の色《いろ》は分類《ぶんるい》のときの重要《じゅうよう》なてがかりです。

キノコのかさを切《き》りとって、ひだを下《した》にして紙《かみ》の上《うえ》におくと、胞子《ほうし》がおちて、色《いろ》のついたもようができます。これを胞子《ほうし》紋《もん》といいます。

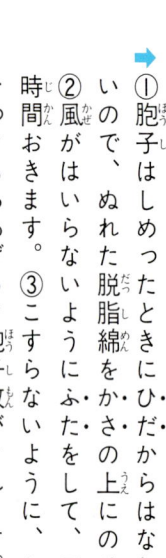

②
③

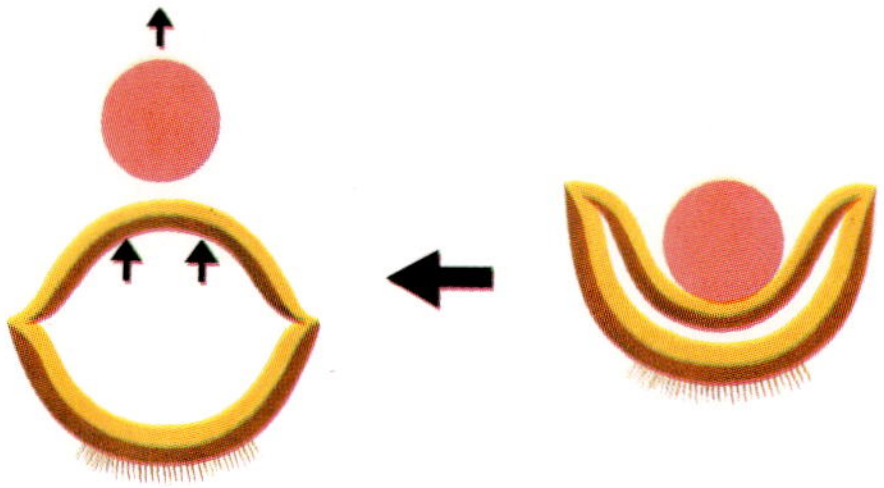

←胞子《ほうし》のはいった球《たま》を，数《すう》メートルもはじきと
↓ばす**タマハジキタケ**。①胞子《ほうし》をつくる球《たま》は，ちゃわんのようなものの中《なか》にはいっています。②ちゃわんは4つの層《そう》からできていて，内側《うちがわ》の2層《そう》が急《きゅう》にはねあがるときに，球《たま》がはじきとばされます。写真《しゃしん》の光《ひか》っている部分《ぶぶん》は，球《たま》をはじきとばしてはねあがった部分《ぶぶん》。(20倍《ばい》)

胞子《ほうし》のまきちらし方《かた》

子孫《しそん》をのこすためのたいせつな胞子《ほうし》です。キノコは種類《しゅるい》によって、いろいろな方法《ほうほう》で胞子《ほうし》をまきちらし、少《すこ》しでも多《おお》くの子孫《しそん》をのこすくふうをしています。

胞子紋《ほうしもん》がとれるキノコは、みんなキノコの表面《ひょうめん》のいずれかに胞子《ほうし》をつくります。そして、たいていのキノコの胞子《ほうし》は、風《かぜ》にとばされて遠《とお》くまで運《はこ》ばれていきます。

しかし、なかには風《かぜ》の力《ちから》にたよるだけでなく、しげきをうけると胞子《ほうし》をふきだすものがあります。また、においをだして虫《むし》をよびよせ、やってきた虫《むし》に胞子《ほうし》を運《はこ》んでもらうキノコなどもあります。

ツチグリ　湿度《しつど》によって，とじたりひらいたりする星形《ほしがた》のからをもっています。このからはかわいたときには，まきこんでまるくなります。そのためコロコロころがったり，胞子《ほうし》のつまったふくろをおしつけたりするので，ふくろのあなから胞子《ほうし》をふきだします。（実物大《じつぶつだい》）

⬆キツネノエフデ（上《うえ》，1.3倍《ばい》）やスッポン
⬅タケ（左《ひだり》，実物大《じつぶつだい》）のなかまは，くさいにおいのする粘液《ねんえき》の中《なか》に胞子《ほうし》をつくります。このにおいは虫《むし》をおびきよせ，ベタベタした粘液《ねんえき》につつまれた胞子《ほうし》は，虫《むし》のからだにくっついて運《はこ》ばれます。

ネナガノヒトヨタケは成《せい》長《ちょう》が早《はや》く，のびだしたよく日《じつ》にはもうとけてきえてしまうので，一夜《ひとよ》タケとよばれています。胞子《ほうし》はかさがとけてできた黒《くろ》い液《えき》といっしょに，地面《じめん》にながれます。（実物大《じつぶつだい》）

ヒトヨタケのとけた液《えき》は黒《くろ》インクのようです。西洋《せいよう》では，**インクタケ**とよんでいます。

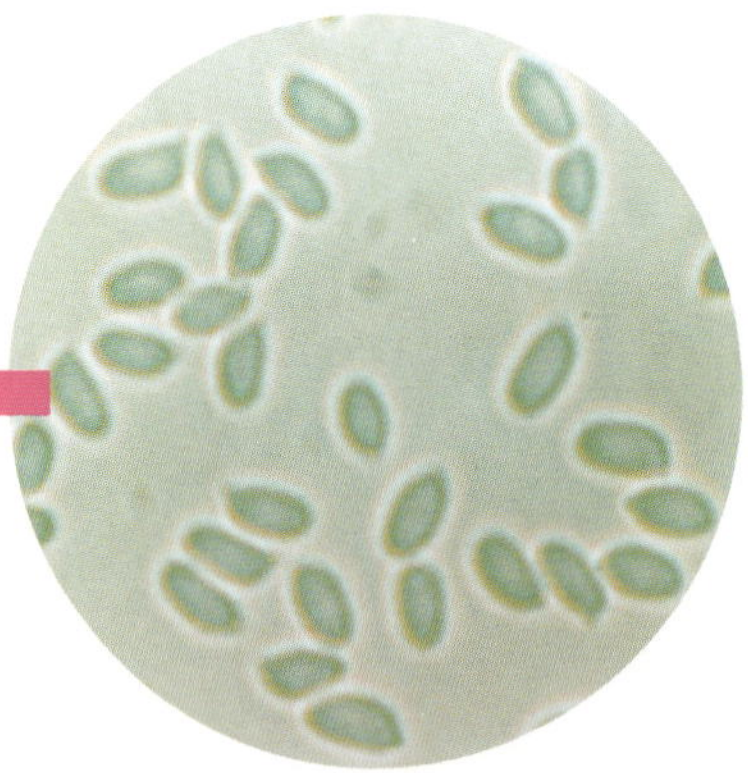

かさからおちた胞子《ほうし》。風《かぜ》や雨《あめ》に運《はこ》ばれて，ばらまかれます。（1,000倍《ばい》）

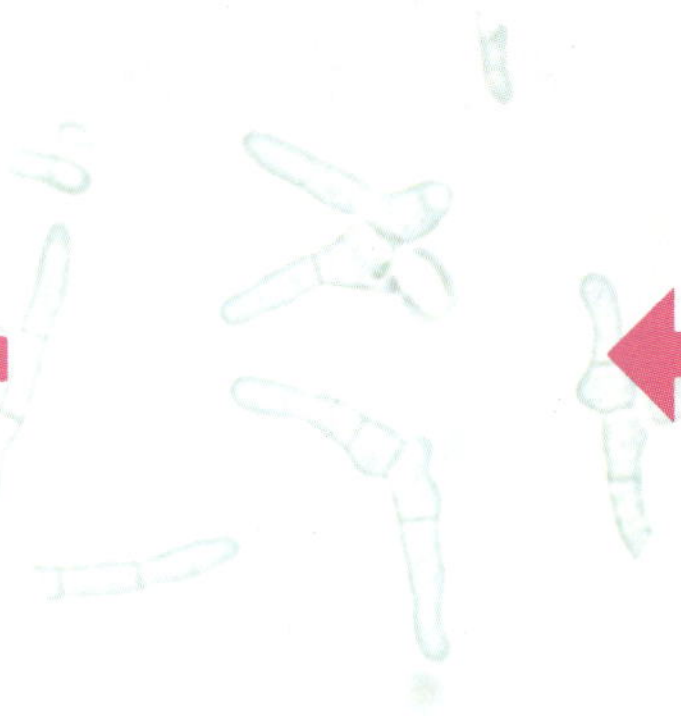

胞子《ほうし》から芽《め》をだした菌糸《きんし》。まわりから養分《ようぶん》をとりながら成長《せいちょう》していきます。

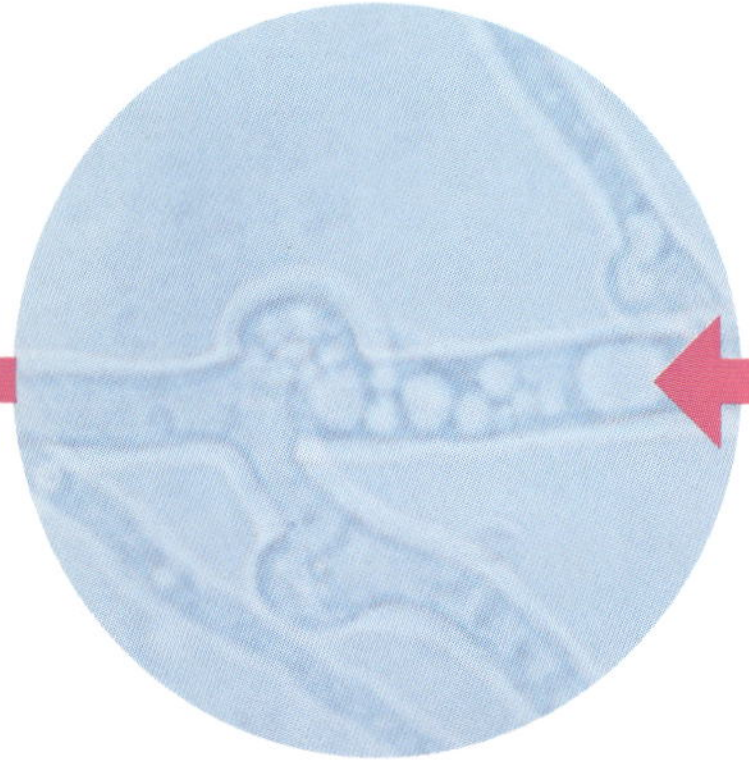

おすとめすの菌糸《きんし》がくっつきあって，一人前《いちにんまえ》の菌糸《きんし》になりました。

キノコの成長《せいちょう》

キノコ（子実体《しじつたい》）からはなれていった胞子《ほうし》は、やがて芽《め》をだして菌糸《きんし》になります。

ところでキノコの胞子《ほうし》には、おすとめすの胞子《ほうし》があり、それからできる菌糸《きんし》にもおすとめすの菌《きん》糸《し》があります。そして、この二つがいっしょになって、はじめて一人前《いちにんまえ》の菌糸《きんし》になるのです。

このようにしてできた菌糸《きんし》が、たくさんあつまったものが菌糸体《きんしたい》なのです。

菌糸体《きんしたい》がじゅうぶん成長《せいちょう》して、キノコができるのによい温度《おんど》や湿度《しつど》になると、いよいよ子実体《しじつたい》づくりです。キノコのつぼみができます。

雨《あめ》がふったりして、たっぷり水分《すいぶん》をすいこむと、つぼみはいっせいにひらきはじめます。

キノコの一生《いっしょう》──シイタケの場合《ばあい》

↑5日目《かめ》。どんどん大《おお》きくなっていきます。

↓7日目《かめ》。かさが大《おお》きくひらき，ひだからは胞子《ほうし》がとびちり，子孫《しそん》がふえていきます。（実物大《じつぶつだい》）

↑つぼみから3日目《かめ》。かさがひらきはじめました。

↑ほだ木《き》にできたつぼみ。**シイタケ**の菌糸《きんし》が成長《せいちょう》してキノコになるには，15～20℃ぐらいがてきとう。

↓菌糸体《きんしたい》が成長《せいちょう》して，まもなくキノコができます。キノコの菌糸体《きんしたい》は，20～25℃ぐらいのときによく成長《せいちょう》します。

菌輪《きんりん》

多《おお》くのキノコは数日《すうじつ》でくさってしまいますが、菌糸体《きんしたい》は、何年《なんねん》も何十年《なんねん》も生《い》きていて、四方八方《しほうはっぽう》に成長《せいちょう》しつづけます。そのため、地面《じめん》にまるい輪《わ》をえがいてキノコがはえることがあります。これを菌輪《きんりん》といいます。

キノコは一生《いっしょう》のうちのほとんどを、地下《ちか》にある菌糸体《きんしたい》の形《かたち》ですごして、ある日《ひ》とつぜん、このような菌輪《きんりん》になってあらわれるのです。

↓まるい輪《わ》をえがいた**アマタケ**の菌輪《きんりん》。

⬆**カラカサタケ**のなかまの菌輪《きんりん》。直線状《ちょくせんじょう》に，一列《いちれつ》にならんでみえますが，実《じつ》は直径何《ちょっけいなん》十メートルもある大《おお》きな菌輪《きんりん》の一部分《いちぶぶん》をみているので，直線状《ちょくせんじょう》にみえるのです。(1/7倍《ばい》)

●地下《ちか》で菌糸体《きんしたい》が四方八方《しほうはっぽう》にのびていくとき，菌糸体《きんしたい》の内側《うちがわ》は，すでに養分《ようぶん》をとりつくしているのでやせています。しかし，外側《そとがわ》はたくさん養分《ようぶん》がとれるので，菌糸体《きんしたい》は外側《そとがわ》にむかってのびていきます。その先《せん》たんからキノコがはえるので，キノコが輪《わ》をえがいてならんでいるようにみえるのです。

➡木《き》の切《き》りかぶに大発生《だいはっせい》したオレンジ色《いろ》の**酵母《こうぼ》**。糖《とう》類《るい》がすきな酵母《こうぼ》は，春《はる》に木《き》からしみでた樹液《じゅえき》などによく発生《はっせい》します。**カビ**のように長《なが》い菌糸《きんし》をのばすことはありません。

キノコのなかま

もちにはえるカビ、動《どう》植《しょく》物《ぶつ》に病気《びょうき》をおこす病菌類《びょうきんるい》、さらにパンやアルコールをつくるときにつかう酵母《こうぼ》など、これらはみんなキノコのなかまです。

一見《いっけん》、これらはキノコとはまるで別《べつ》の生《い》き物《もの》のようにみえますが、カビを顕微《けんび》鏡《きょう》でみてみると、そのからだは細《ほそ》い菌糸《きんし》でできています。また、キノコとおなじように、胞子《ほうし》で子孫《しそん》をふやします。

キノコとカビのちがいは、胞子《ほうし》をつくる子実体《しじったい》が、大《おお》きいか小《ちい》さいかという差《さ》だけで、はっきりした区別《くべつ》はないのです。大《おお》きな子実体《しじったい》をキノコといっています。

⬅モチにはえたいろいろな**カビ**。

⬇**カビ**の一部《いちぶ》を拡大《かくだい》してみると，細《ほそ》い糸《いと》のような菌糸《きんし》と，胞子《ほうし》のかたまりをつけた子実体《しじつたい》がみられます。(80倍《ばい》)

サクラノテングス病菌《びょうきん》（円内《えんない》，400倍《ばい》）と，テングス病《びょう》にかかったサクラの木《き》。病気《びょうき》にかかった部分《ぶぶん》は，こまかくえだわかれして鳥《とり》の巣《す》のようになり，やがてかれてしまいます。

そしてキノコやカビ、酵母《こうぼ》、細菌《さいきん》などをまとめて、菌類《きんるい》といいます。菌類《きんるい》のなかには、変形菌《へんけいきん》というかわった生物《せいぶつ》がいます。変形菌《へんけいきん》は、梅雨《つゆ》時《どき》に多《おお》くみられ、一生《いっしょう》のうちのある時期《じき》には、変形体《へんけいたい》とよばれるアメーバになります。

変形体《へんけいたい》は、くさった木《き》や落葉《おちば》の表面《ひょうめん》をはいまわり、そこに発生《はっせい》した細菌《さいきん》を食《た》べて成長《せいちょう》するという、まるで動物《どうぶつ》のような生活《せいかつ》をします。

でも、子孫《しそん》をのこすときは子実《しじつ》体《たい》をつくり、胞子《ほうし》でふえるところは、キノコやカビとおなじです。

←くさった木《き》の表面《ひょうめん》をはう変形菌《へんけいきん》のアメーバ。しかし，そのうごきは目《め》でみえるほど，はやくはありません。（1.5倍《ばい》）

↓変形菌《へんけいきん》の子実体《しじつたい》の一種《いっしゅ》。（20倍《ばい》）

↓ゴミすて場《ば》にあったビニールの上《うえ》に子実体《しじつたい》をつくった変形菌《へんけいきん》。（15倍《ばい》）

←かれ木《き》のわれ目《め》からキノコが顔《かお》をだしていました。木《き》の皮《かわ》をはいでみると，菌糸《きんし》がはりめぐらされており，木《き》は白《しろ》くなってボロボロにくさっていました。これはキノコが食事《しょくじ》をしている姿《すがた》です。

キノコの養分《ようぶん》のとり方《かた》

キノコやカビなど菌類《きんるい》は、緑色《みどりいろ》の葉《は》をもった、緑色植物《りょくしょくしょくぶつ》とちがって、葉緑体《ようりょくたい》をもっていません。ですから光合成《こうごうせい》をして、自分《じぶん》で養分《ようぶん》をつくりだすことができません。菌類《きんるい》は、植物《しょくぶつ》にたよって生《い》きているのです。

キノコは菌糸《きんし》から酵素《こうそ》や酸《さん》をだして、かれ木《き》や落葉《おちば》を分解《ぶんかい》して、そこから養分《ようぶん》をとります。

このようにキノコは、ほかの菌《きん》類《るい》とともに、植物《しょくぶつ》の死体《したい》を分解《ぶんかい》して、光合成《こうごうせい》の原料《げんりょう》である、二酸化《にさんか》炭素《たんそ》や水《みず》にもどします。そして、それらはまた植物《しょくぶつ》に利用《りよう》されます。

←キノコの菌《きん》糸《し》がからまりついて白《しろ》くなった落葉《おちば》。これもキノコが食事《しょくじ》をしている姿《すがた》です。

↓一枚《まい》の落葉《おちば》も，いろいろなキノコが順番《じゅんばん》にバトンタッチをしながらくさらせ，分解《ぶんかい》していきます。分解《ぶんかい》もだいぶすすんで，葉《よう》脈《みゃく》をのこしてボロボロになった落葉《おちば》から，たっぷり養分《ようぶん》を吸収《きゅうしゅう》した**ビョウタケのなかま**が，子《し》実体《じつたい》をだしました。（10倍《ばい》）

●森《もり》はうっそうとした緑《みどり》の世界《せかい》。森《もり》がなりたつためには、いろいろな菌類《きんるい》の分解《ぶんかい》がだいじな役目《やくめ》をはたしています。かれ木《き》や落葉《おちば》が分解《ぶんかい》されてできた腐植土《ふしょくど》からは、新《あたら》しい植物《しょくぶつ》が芽《め》ばえ、森《もり》はいつも新《あたら》しく生《う》まれかわっています。左《ひだり》、たおれた木《き》からはえる**ホウロクタケ**も、分解《ぶんかい》に一役《ひとやく》かっています。下《した》、**クロサカズキシメジ**と、そのそばから芽《め》ばえるコメツガ。

●生《い》きた木《き》をくさらせるキノコ
キノコのなかには，木《き》がまだ生《い》きているうちからとりついて，その木《き》をくさらせてしまうものがあります。

⬆ナラタケ　木《き》の切《き》りかぶや立《た》ち木《ぎ》の根《ね》もとに多《た》数《すう》はえます。生《い》きている木《き》にもとりついて，これをからしてしまう強《つよ》いキノコです。（1/3倍《ばい》）

➡カンゾウタケ　シイやカシの生《い》きている木《き》にはえ，つぶすと血《ち》のような赤《あか》いしるをだします。（1/2倍《ばい》）

⬅ヒメカバイロタケ　針《しん》葉《よう》樹《じゅ》に群《む》れてはえます。木《き》が生《い》きているうちから，傷《きず》口《ぐち》などからはいり，根《ね》やみきの心《しん》材《ざい》をくさらせます。（1.5倍《ばい》）

➡カワラタケ 屋根《やね》がわらをふいたように，かさなりあってはえる，どこにでもよくみられるキノコ。(1/5倍《ばい》)

⬅イヌセンボンタケ その名《な》のとおり，何百本《なんびゃっぽん》も何千本《なんぜんぼん》も群《む》れてはえます。(2 倍《ばい》)

●かれ木《き》をくさらせるキノコ

すでにかれてしまった木《き》には，いろいろなキノコがはえます。それも，木《き》が分解《ぶんかい》されていくにしたがって，はえるキノコがちがいます。どんな状態《じょうたい》のとき，どんなキノコがはえたか，しらべてみましょう。

⬅キクラゲ 中華料理《ちゅうかりょうり》につかわれるこのキノコも，自然界《しぜんかい》では，かれ木《き》をくさらせるのが仕事《しごと》です。(1/2倍《ばい》)

落葉《おちば》のえにはえた**ウマノケタケ**。（３倍《ばい》）

オチバタケのなかま　いたるところの落葉《おちば》の上《うえ》に，ごくふつうにみることができます。（７倍《ばい》）

落葉《おちば》をくさらせるキノコ

スギの葉《は》にはえた**ヒノキオチバタケ**。（３倍《ばい》）

●秋《あき》の雨《あめ》あがりのある日《ひ》、森《もり》のあちこちでは、水《すい》分《ぶん》をたっぷりすって、キノコが顔《かお》をだしています。クモの巣《す》についた水《すい》滴《てき》に**ベニヤマタケ**がたくさんうつっています。（下《した》、2/3倍《ばい》）

←**クロハツ**の上《うえ》にはえる**ヤグラタケ**。まるでキノコがキノコをおんぶしているような姿《すがた》です。これはキノコの共食《ともぐ》いといったところです。（1.5倍《ばい》）

かわったものにはえるキノコ

キノコのなかには、特別《とくべつ》な養分《ようぶん》をこのむものがあります。コケや木《き》の実《み》、動物《どうぶつ》のふん、なかにはキノコにはえるキノコもあります。

さらに、冬虫夏草《とうちゅうかそう》といって、セミやガ、アリなどの生《い》きた昆虫《こんちゅう》に寄生《きせい》して、これらをころし、養分《ようぶん》を吸収《きゅうしゅう》するキノコもあります。

このように、自然界《しぜんかい》では、かれ木《き》や落葉《おちば》だけでなく、さまざまなものが、キノコによって分解《ぶんかい》され、きれいにそうじされているのです。

⬆**マグソタケ**のなかま　馬《ば》ふんの上《うえ》にはえます。（⅔倍《ばい》）

⬇マツかさにはえる**マツカサキノコ**のなかま。（実物大《じつぶつだい》）

⬇コケにはえる**ミズゴケタケ**のなかま。（実物大《じつぶつだい》）

↑ガのさなぎにはえる**サナギタケ**
← このようなキノコをみつけたら，そっとほりおこして，どんな虫《むし》からはえているか，しらべてみましょう。（上《うえ》，２倍《ばい》）

冬虫夏草《とうちゅうかそう》

冬虫夏草《とうちゅうかそう》とは，冬《ふゆ》のあいだは虫《むし》で，夏《なつ》には草《くさ》になるという意味《いみ》で，中国人《ちゅうごくじん》がつけた名前《なまえ》です。昆虫《こんちゅう》のからだから，ある日《ひ》とつぜんキノコがはえてくるのですから，さぞかしむかしの人《ひと》は，おどろいたにちがいありません。

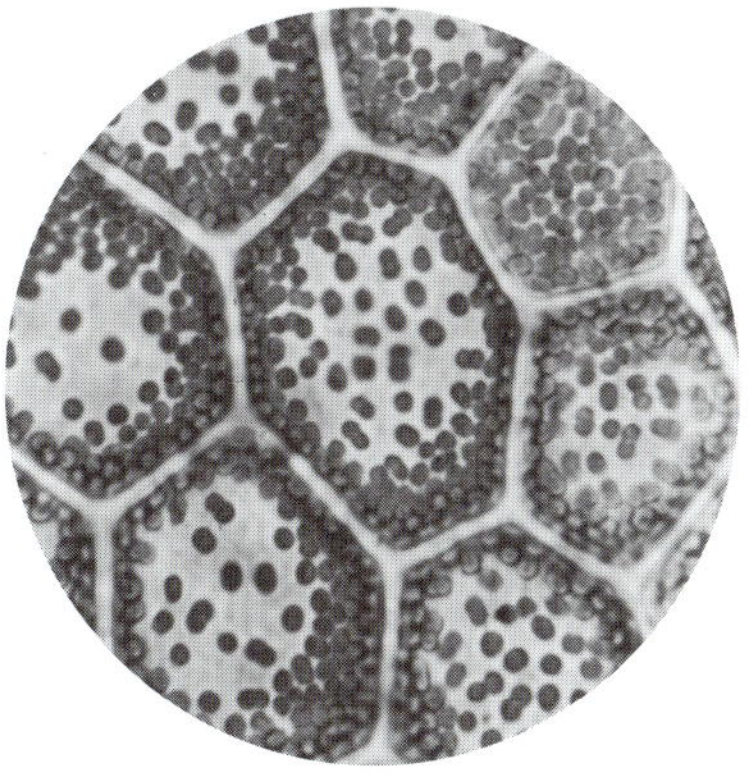

➡右《みぎ》，植物《しょくぶつ》のとくちょうは，自分《じぶん》で栄養《えいよう》をつくりだすことです。光合《こうごう》成《せい》のときにはきだされる酸素《さんそ》は，動物《どうぶつ》が呼吸《こきゅう》するときにつかいます。
⬆上《うえ》，コケの葉緑素《ようりょくそ》。原始的《げんしてき》な植物《しょくぶつ》コケにも葉緑素《ようりょくそ》があって，自分《じぶん》で栄養《えいよう》をつくっています。

ゆたかな水《みず》と空《くう》気《き》と太《たい》陽《よう》の光《ひかり》にめぐまれた星《ほし》——地《ち》球《きゅう》。そこにはさまざまな生《い》き物《もの》がくらしています。毎《まい》日《にち》、地《ち》球《きゅう》のどこかで生《せい》命《めい》がたん生《じょう》し、どこかで死《し》んでいきます。でも、かならず新《あたら》しい生《せい》命《めい》がうけつがれていきます。

わたしたちは、これらの生《い》き物《もの》を大《おお》きく動《どう》物《ぶつ》と植《しょく》物《ぶつ》にわけていますが、動《どう》物《ぶつ》と植《しょく》物《ぶつ》のちがいはなんでしょう。たとえば動《どう》物《ぶつ》は自《じ》由《ゆう》にうごきまわることができますが、植《しょく》物《ぶつ》にはそれができません。また、動《どう》物《ぶつ》には神《しん》経《けい》があり、外《そと》からのしげきにはびん感《かん》ですが、植《しょく》物《ぶつ》にはそれがなく、しげきにはあまりびん感《かん》ではありません。

このほかにも、いくつかのちがいがありますが、もっともたいせつなちがいは、生《い》きていくのにかかせない栄《えい》養《よう》を、どうしているかということです。

ふつう植《しょく》物《ぶつ》には葉《よう》緑《りょく》素《そ》があり、空《くう》気《き》中《ちゅう》の二《に》酸《さん》化《か》炭《たん》素《そ》と、根《ね》からすいあげた水《みず》、そして太《たい》陽《よう》光《こう》線《せん》をつかって、栄《えい》養《よう》をつくります。これを光《こう》合《ごう》成《せい》といっています。植《しょく》物《ぶつ》は自《じ》分《ぶん》で栄《えい》養《よう》をつくって成《せい》長《ちょう》することができるのです。

⬆家《いえ》の庭《にわ》のクズの上《うえ》では，オンブバッタが葉《は》を食《た》べて，栄養《えいよう》をとっています。

ところが動物《どうぶつ》には葉緑素《ようりょくそ》がないので、自分《じぶん》で栄養《えいよう》をつくることができません。動物《どうぶつ》は植物《しょくぶつ》がつくった栄養《えいよう》を食《た》べて生《い》きているのです。

　このことを、わたしの家《いえ》の庭《にわ》を例《れい》にとっておはなししましょう。わたしの家《いえ》の庭《にわ》には、カシやクスなどの大木《たいぼく》と、竹《たけ》や草花《くさばな》など、いろいろな植物《しょくぶつ》があります。そこにはよく野鳥《やちょう》や昆虫《こんちゅう》がやってきます。また、すぐそばの水田《すいでん》からはカエルやヘビが庭《にわ》とのあいだをいききしています。庭《にわ》の土《つち》の中《なか》には、モグラをはじめ、ミミズやダニ、線虫《せんちゅう》など、土壌動物《どじょうどうぶつ》といわれる小《ちい》さな生《い》き物《もの》たちがいます。

　庭《にわ》にやってきた鳥《とり》や虫《むし》たちは、植物《しょくぶつ》の実《み》や葉《は》を食《た》べます。しかし、虫《むし》のなかにはカエルに食《た》べられてしまうものがあり、さらにカエルのなかには、ヘビに食《た》べられてしまうものもあります。

　青《あお》あおと葉《は》をしげらせていた木《き》や草花《くさばな》も、やがて葉《は》をおとしたり、かれたりします。動物《どうぶつ》や昆虫《こんちゅう》たちだって、やがて死《し》んでいきます。そして、落葉《おちば》や動物《どうぶつ》の死体《したい》の一部《いちぶ》を、土壌動動《どじょうどうぶつ》のミミズやダニのなかまが食《た》べます。これら小動物《しょうどうぶつ》たちは、さらに大《おお》きなダニやケラ、モグラに食《た》べられてしまいます。

　このようにしてみると、生《い》き物《もの》の世界《せかい》は、植物《しょくぶつ》を中心《ちゅうしん》に、いろいろな動物《どうぶつ》が食《く》いつ食《く》われつしていることがわかります。

＊菌類《きんるい》は地球《ちきゅう》のそうじ屋《や》

←うっそうとしたブナ林《ばやし》。秋《あき》になるとたくさんの落葉《おちば》が地面《じめん》をうめつくします。かれかけたブナの木《き》に，エゾハリタケがとりついて木《き》を分解中《ぶんかいちゅう》。

では、キノコやカビ、細菌《さいきん》などの菌類《きんるい》はどんな生活《せいかつ》をしている、どんな生《い》き物《もの》なのでしょうか。

毎年《まいねん》、地球上《ちきゅうじょう》にふりつもる落葉《おちば》やかれ木《き》、動物《どうぶつ》の死体《したい》などのごみはものすごい量《りょう》になります。たとえば、ブナやナラの広葉樹《こうようじゅ》の林《はやし》では、秋《あき》になると十センチ以上《いじょう》も落葉《おちば》がつもります。これだけの量《りょう》があると、どんなに土壌動物《どじょうどうぶつ》がいっしょうけんめい食《た》べても、とても食《た》べきれるものではありません。それに、葉《は》をつくっている成分《せいぶん》には、土壌動物《どじょうどうぶつ》の食《た》べられないものだってあります。

また、動物《どうぶつ》がさらにほかの動物《どうぶつ》に食《た》べられても、最後《さいご》には、かならず死体《したい》やふんがのこってしまいます。これらの落葉《おちば》やかれ木《き》、動物《どうぶつ》の死体《したい》、ふんなどがそのままのこっていたらたいへんです。この地球《ちきゅう》はごみだらけになってしまいます。

でも、森《もり》や林《はやし》へいってごらん。そこはいつもさわやかな空気《くうき》にみちていて、動物《どうぶつ》や植物《しょくぶつ》の死体《したい》がごろごろしていることはありません。

実《じつ》は、これらの大量《たいりょう》の動植物《どうしょくぶつ》のごみを食《た》べているのがキノコやカビなどの菌類《きんるい》なのです。

菌根菌《きんこんきん》

キノコのなかには，マツタケやシメジのように，生《い》きた木《き》の根《ね》と菌糸《きんし》がいっしょになってくらしているものがあります。このようなキノコを菌根菌《きんこんきん》といいます。

菌根菌《きんこんきん》は木《き》から養分《ようぶん》をもらう一方《いっぽう》，木《き》にも養分《ようぶん》をあたえています。このような生《い》き方《かた》を共生《きょうせい》といいます。ほかの菌類《きんるい》のように，ものを分解《ぶんかい》するはたらきは大《おお》きくありませんが，菌根《きんこん》をつくっている木《き》の生活《せいかつ》には大《おお》いに役立《やくだ》っています。

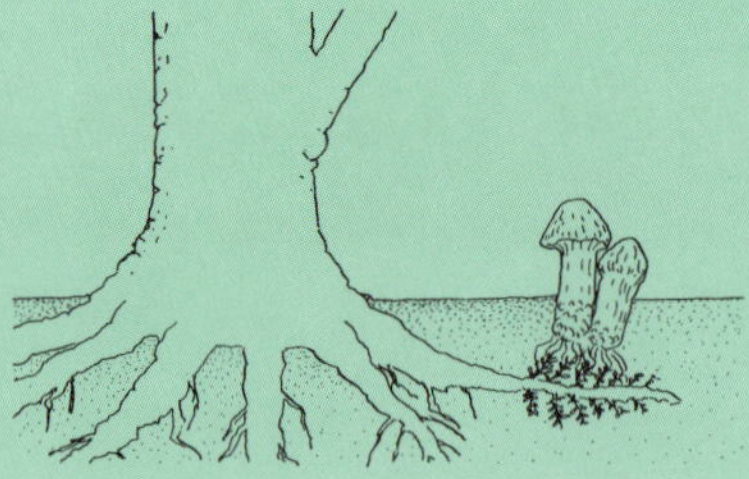

動植物《どうしょくぶつ》に病気《びょうき》をおこす菌類《きんるい》（病菌類《びょうきんるい》）

菌類《きんるい》はおもに動植物《どうしょくぶつ》の死体《したい》を分解《ぶんかい》するのが役《やく》目《め》ですが，なかにはまだ動植物《どうしょくぶつ》が生《い》きているうちからとりついて，栄養《えいよう》をとるものがいます。このように生《い》きている動植物《どうしょくぶつ》から栄養《えいよう》をうばいとって生《い》きることを寄生《きせい》といいます。

もともと菌類《きんるい》は，動植物《どうしょくぶつ》の死体《したい》を分解《ぶんかい》していたのですが，なかには，ほかの菌類《きんるい》より少《すこ》しでも早《はや》く栄養《えいよう》をとろうとした結果《けっか》，このような菌類《きんるい》がでてきたのではないでしょうか。だから病気《びょうき》は，動植物《どうしょくぶつ》が生《い》きているうちから菌類《きんるい》によって分解《ぶんかい》されている姿《すがた》といえます。

動物《どうぶつ》に病気《びょうき》をおこす菌類《きんるい》は細菌《さいきん》が多《おお》く，植物《しょくぶつ》にはカビのなかまがおこす病気《びょうき》が多《おお》いのです。しかし，カビにも水虫《みずむし》のように，人間《にんげん》にとりつく病菌類《びょうきんるい》がいます。

ところで、菌類《きんるい》には葉緑素《ようりょくそ》がないので、光合成《こうごうせい》はできません。だからほかから栄養《えいよう》をとりいれなければなりません。その栄養《えいよう》は、動物《どうぶつ》や植物《しょくぶつ》の死体《したい》をくさらせてとりいれるのです。

物《もの》がくさるというと、わたしたちはなんとなくきたならしく、いやなにおいをおもいがちです。また、くさっているところにはえているカビやキノコを、きもちわるい生《い》き物《もの》のように考《かんが》えがちです。

しかし、くさるということは、菌類《きんるい》が生《い》き物《もの》の死体《したい》を分解《ぶんかい》して、そうじしてくれている姿《すがた》なのです。菌類《きんるい》は、地球上《ちきゅうじょう》のありとあらゆる生物《せいぶつ》の死体《したい》を分解《ぶんかい》することができます。だから菌類《きんるい》は、地球《ちきゅう》のそうじ屋《や》さんなのです。

菌類《きんるい》は、ふつう植物《しょくぶつ》のなかまにいれていますが、葉緑素《ようりょくそ》がなく自分《じぶん》で栄養《えいよう》をつくることができない点《てん》で植物《しょくぶつ》とはちがいます。しかし、動物《どうぶつ》ともいえません。いまでは、菌類《きんるい》を動物《どうぶつ》でも植物《しょくぶつ》でもない、第《だい》三の生物《せいぶつ》とする考《かんが》え方《かた》があります。

＊有限《ゆうげん》のものを無限《むげん》につかうしくみ

⬅植物《しょくぶつ》も動物《どうぶつ》も呼吸《こきゅう》をして生《い》きています。夜《よる》の植物《しょくぶつ》は光合成《こうごうせい》ができないので，もっぱら二酸化炭素《にさんかたんそ》をはきだします。でも動植物《どうしょくぶつ》のはきだす二酸化《にさんか》炭素《たんそ》は，植物《しょくぶつ》がとりいれる量《りょう》にくらべるとわずかです。

この地球上《ちきゅうじょう》では、植物《しょくぶつ》が光合成《こうごうせい》をしなければ、植物《しょくぶつ》から栄養《えいよう》をとってくらしている動物《どうぶつ》は生《い》きていけません。動物《どうぶつ》や植物《しょくぶつ》から栄養《えいよう》をとってくらしている菌《きん》類《るい》だって生《い》きていけません。生《い》き物《もの》が何千年《なんぜんねん》も何万年《なんまんねん》も生《い》きつづけるためには、植物《しょくぶつ》がいつまでも光合成《こうごうせい》をしつづけてくれなければなりません。

ところが、地球上《ちきゅうじょう》にある光合成《こうごうせい》の原料《げんりょう》にはかぎりがあります。二酸化炭素《にさんかたんそ》を一つ例《れい》にとってみても、その量《りょう》は無限《むげん》ではありません。

ある学者《がくしゃ》が計算《けいさん》したところによると、空気中《くうきちゅう》や水中《すいちゅう》にとけている二酸化炭素《にさんかたんそ》を、このまま補給《ほきゅう》しないで地球上《ちきゅうじょう》の植物《しょくぶつ》が光合成《こうごうせい》をしつづけると、二百《ひゃく》五十年《ねん》でなくなってしまうそうです。でも、植物《しょくぶつ》は十億《おく》年《ねん》以上《いじょう》も生《い》きてきました。そのおかげで動物《どうぶつ》も十億《おく》年《ねん》以上《いじょう》生《い》きてこられました。

植物《しょくぶつ》や動物《どうぶつ》は生《い》きていくために呼吸《こきゅう》をします。そのとき、とりいれた栄養《えいよう》の一部《いちぶ》を、またもとの二酸化炭素《にさんかたんそ》や水《みず》にしてはきだします。でも、その量《りょう》は光合成《こうごうせい》につかわれる量《りょう》にくらべるとわずかです。

いったいかぎりある二酸化炭素《にさんかたんそ》がどうしてなくならないのでしょうか。実《じつ》は、このひみつをにぎっているのが、キノコやカビなどの菌類《きんるい》なのです。

動物《どうぶつ》や植物《しょくぶつ》の死体《したい》は、多《おお》くの菌類《きんるい》が酸《さん》や酵素《こうそ》をだしながら分解《ぶんかい》し

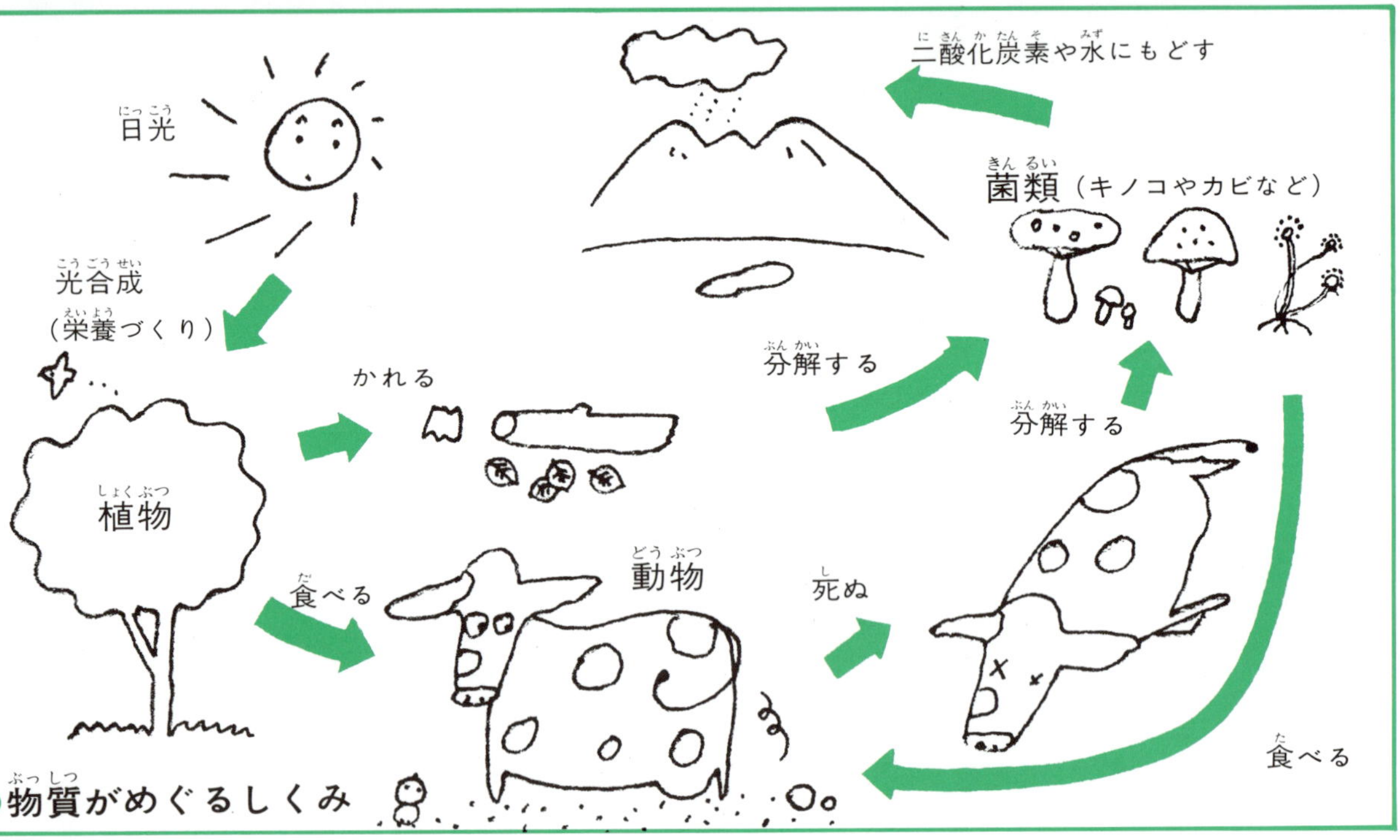

●物質《ぶっしつ》がめぐるしくみ

ていきます。分解《ぶんかい》がすすむにつれて、死体《したい》はだんだん単純《たんじゅん》な物質《ぶっしつ》にかえられていきます。そのときに、動物《どうぶつ》や植物《しょくぶつ》のからだをつくっていた物質《ぶっしつ》が、もとの二酸化炭素《にさんかたんそ》や水《みず》などにもどされるのです。

こうしてもどされた二酸化炭素《にさんかたんそ》や水《みず》は、ふたたび植物《しょくぶつ》の光合成《こうごうせい》につかわれます。

この地球上《ちきゅうじょう》において、植物《しょくぶつ》は二酸化炭素《にさんかたんそ》や水《みず》をつかって光合成《こうごうせい》をおこない、栄養《えいよう》をつくりだすので、「生産者《せいさんしゃ》」といいます。動物《どうぶつ》は植物《しょくぶつ》のつくった栄養《えいよう》を食《た》べて生活《せいかつ》するので、「消費者《しょうひしゃ》」といいます。菌《きん》類《るい》は、動物《どうぶつ》や植物《しょくぶつ》の死体《したい》を、ふたたびもとの二酸化炭素《にさんかたんそ》や水《みず》にもどすので「分解者《ぶんかいしゃ》」、または「還元者《かんげんしゃ》(もとにもどす者《もの》)」といいます。

これら三者《しゃ》は、ふくざつなあみの糸《いと》のようにつらなりあい、自然《しぜん》の法則《ほうそく》にしたがって、一糸《いっし》みだれずに共同生活《きょうどうせいかつ》をしています。地球《ちきゅう》の生《い》き物《もの》が十億年《おくねん》以上《いじょう》も生《い》きてこられたのは、三者《しゃ》の共同生活《きょうどうせいかつ》のつりあいがうまくとれているからなのです。

＊キノコのかんさつは身近《みぢか》から

←家《いえ》の庭《にわ》でみつけたキノコ。①生《い》きたカシの木《き》からはえるヒラフスベ。②生《い》きたコケからはえるヒナノヒガサ。③かれ木《き》からはえるシジミタケ。

↓冬《ふゆ》，雪《ゆき》の中《なか》にはえるエノキタケ。

キノコやカビなど、菌類《きんるい》のたいせつなはたらきがわかったところで、きみたち自身《じしん》の目《め》で、キノコのかんさつをしてみましょう。いつ、どんな場所《ばしょ》に、どんなキノコが、なにからはえているでしょうか。

●キノコのはえる時季《じき》　キノコ狩《が》りというと、すぐ秋《あき》をおもいうかべますが、これはマツタケやシメジなどのなじみぶかい食用《しょくよう》キノコが秋《あき》に多《おお》いからです。

しかし、キノコ全体《ぜんたい》をみると、キノコはけっして秋《あき》のものばかりではありません。キクラゲやアミガサタケのように春《はる》に多《おお》くはえるものや、エノキタケのようにわざわざ寒《さむ》い冬《ふゆ》にはえるものもあります。注意《ちゅうい》していれば、キノコの発生《はっせい》は四季《しき》をとおしてみることができます。

●キノコのはえる場所《ばしょ》　それには、まずきみたちの家《いえ》の庭《にわ》など、身近《みぢか》な場所《ばしょ》からしらべてみることです。

わたしの家《いえ》の庭《にわ》では、ヒナノヒガサ、ハリガネオチバタケ、シジミタケ、ヒラフスベ、ツルタケなど、

●キノコカレンダー

※このカレンダーは，わたしのすんでいる茨城周辺《いばらきしゅうへん》におけるものです。地方《ちほう》によって，はえる時季《じき》がちがうことがあります。きみたちのすんでいる地方《ちほう》では，いつごろはえるかしらべてみましょう。

キノコの名前《なまえ》 (　)はキノコがでているページ数《すう》	1	2	3	4	5	6	7	8	9	10	11	12	キノコのはえる場所《ばしょ》
ハリガネオチバタケ（5）						━	━	━	━	━			落葉《おちば》の上《うえ》
オチバタケのなかま（42〜43）						━	━	━	━	━			落葉《おちば》の上《うえ》
ホンシメジ（6）										━			コナラやアカマツ林《ばやし》の地上《ちじょう》
ムラサキシメジ（9）										━	━		林内《りんない》，竹《たけ》やぶの地上《ちじょう》
キシメジ（8）										━	━		マツ林《ばやし》の地上《ちじょう》
マツタケ（8）										━			アカマツ林《ばやし》の地上《ちじょう》
チチタケ（9）							━	━	━	━			林内《りんない》の地上《ちじょう》
ホウキタケ（8）									━	━			広葉樹林内《こうようじゅりんない》の地上《ちじょう》
タマゴタケ（10）									━	━			林内《りんない》の地上《ちじょう》
クサウラベニタケ（12）									━	━			林内《りんない》の地上《ちじょう》
ニガクリタケ（11）	━	━	━	━	━	━	━	━	━	━	━	━	かれ木《き》
テングタケ（12）							━	━	━	━			林内《りんない》（おもにマツ林《ばやし》）の地上《ちじょう》
ベニテングタケ（12）									━	━			林内《りんない》（おもにシラカバ林《ばやし》）の地上《ちじょう》
ドクツルタケ（12）									━	━			広葉樹林内《こうようじゅりんない》の地上《ちじょう》
ツキヨタケ（13）								━	━	━			ブナのかれ木《き》
ムジナタケ（15）					━	━	━	━	━	━			草地《くさち》，道《みち》ばた，林内《りんない》の地上《ちじょう》
スエヒロタケ（17）				━	━	━	━	━	━	━	━		かれ木《き》，材木《ざいもく》
ヘラタケ（18）								━	━	━			針葉樹林内《しんようじゅりんない》の落葉《おちば》の上《うえ》
アミガサタケ（19）				━	━								庭《にわ》，林内《りんない》の地上《ちじょう》
ツチグリ（23）								━	━	━	━		道《みち》ばたの土《つち》がむきだしになったがけ
ネナガノヒトヨタケ（25）					━	━	━	━	━	━			たい肥《ひ》，古《ふる》だたみなどの上《うえ》
カラカサタケのなかま（29）									━	━			草地《くさち》，林内《りんない》の地上《ちじょう》
カンゾウタケ（38）						━	━						生《い》きているシイの大木《たいぼく》
キクラゲ（40）			━	━	━								広葉樹《こうようじゅ》のかれ木《き》
マグソタケのなかま（47）						━	━	━	━				馬《ば》ふんの上《うえ》
ヤグラタケ（46）							━	━	━	━			キノコ（クロハツなど）の上《うえ》
イヌセンボンタケ（41）						━	━	━	━	━			切《き》りかぶなど
ベニヤマタケ（44）						━	━	━	━	━	━		林内《りんない》，草地《くさち》の地上《ちじょう》
ミズゴケタケのなかま（47）						━	━	━	━				生《い》きたコケの上《うえ》
サナギタケ（48）							━	━	━	━			昆虫《こんちゅう》（ガのさなぎ）の上《うえ》
スッポンタケ（24）								━	━	━			竹《たけ》やぶ，林内《りんない》の地上《ちじょう》
キツネノエフデ（24）							━	━	━	━			庭《にわ》，畑《はたけ》，竹《たけ》やぶ，林内《りんない》の地上《ちじょう》
エノキタケ（55）	━	━									━	━	広葉樹《こうようじゅ》のかれ木《き》

キノコのはえる時季《じき》（月《つき》）

●どんなキノコがどんな場所《ばしょ》にはえているでしょう

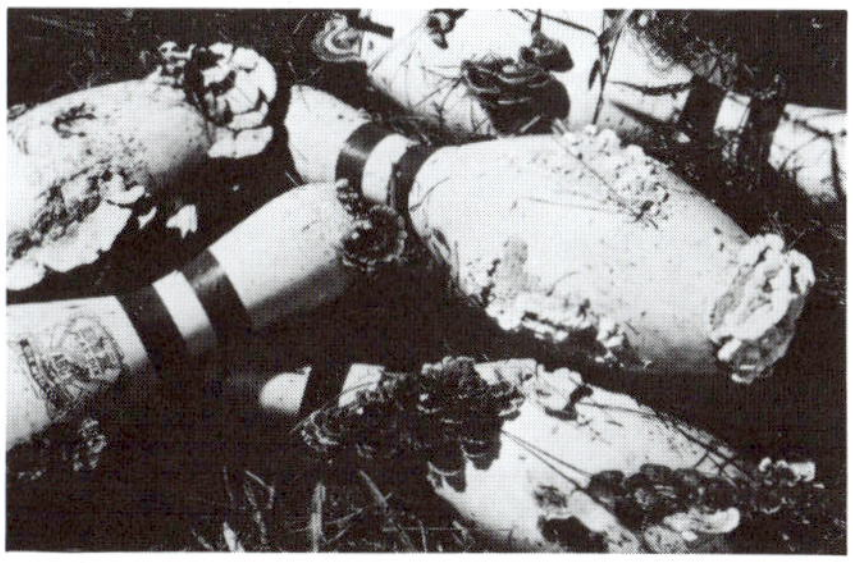

⬆木《き》でできたボーリングのピンからカワラタケなどがはえています。

⬇ガのさなぎからはえるサナギタケ。

このほか名前《なまえ》もわからないキノコもふくめると、五十種《しゅ》類《るい》以上《いじょう》もみつけることができました。

これらのキノコは、毎年《まいねん》きまったところにはえるものもありますが、なかには一度《いちど》しかはえなかったものもたくさんあります。なぜ一度《いちど》しかはえなかったのでしょう。

さて、庭《にわ》のキノコのかんさつがすんだら、外《そと》へでてみましょう。道《みち》ばた、草《くさ》むら、竹《たけ》やぶ、畑《はたけ》、林《はやし》の中《なか》など、場所《ばしょ》がちがうと、キノコの種類《しゅるい》もちがいます。

●キノコがなにからはえているか注意《ちゅうい》　地面《じめん》、生《い》きている木《き》、かれ木《き》、落葉《おちば》、たい肥《ひ》、ごみすて場《ば》、コケ、キノコ、昆虫《こんちゅう》など、キノコはさまざまなものにはえます。

わたしの家《いえ》の庭《にわ》でみつけたヒナノヒガサは生《い》きたコケ

← 針葉樹《しんようじゅ》のかれ木《き》を分解中《ぶんかいちゅう》のサマツモドキ。菌糸《きんし》のはびこっている部分《ぶぶん》をとりだしてみたら，ボロボロになっていました。

↓ 一枚《まい》の落葉《おちば》もいろいろな菌類《きんるい》がバトンタッチしながら分解《ぶんかい》していきます。

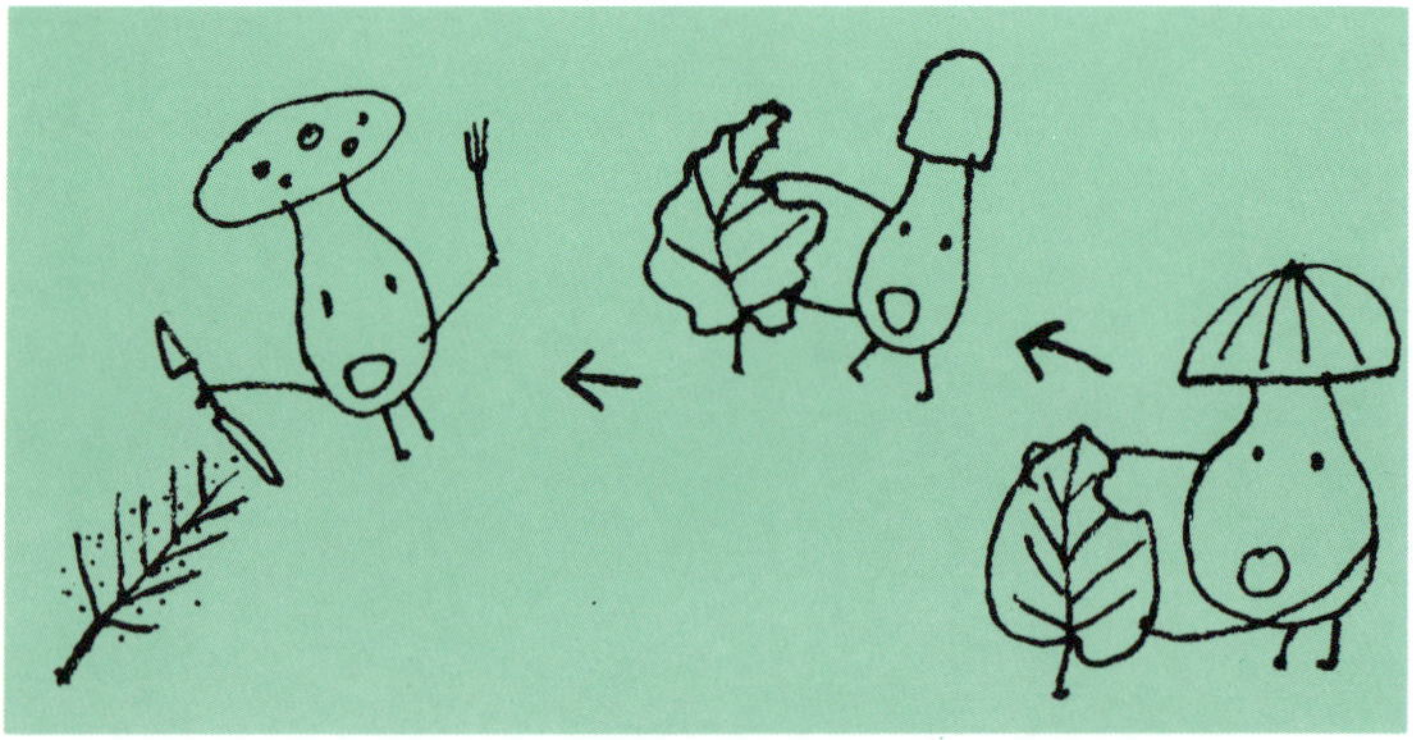

から、ハリガネオチバタケは落葉《おちば》から、シジミタケはか・れ・木《き》から、ヒラフスベは生《い》きたカシの木《き》から、ツルタケは生《い》きた木《き》の根《ね》からはえていました。

● 一枚《まい》の落葉《おちば》がくさるようすにも注意《ちゅうい》　落葉《おちば》をくさらせるキノコは、けっして一種類《しゅるい》だけではありません。かれ葉《は》が地面《じめん》におちて最初《さいしょ》に食《た》べはじめるもの、あるていどやわらかくなってから食《た》べるもの、最後《さいご》にのこったかたい葉脈《ようみゃく》を食《た》べるものなど、いくつもの菌類《きんるい》がつぎつぎにバトンタッチしながら、落葉《おちば》をくさらせていくのです。

菌類《きんるい》にはそれぞれ、自分《じぶん》のすきな成分《せいぶん》がきまっていて、それを食《た》べつくすと、まだ落葉《おちば》やかれ木《き》がのこっていても、ほかの菌類《きんるい》に場所《ばしょ》をゆずりわたします。あるキノコが一度《ど》しかはえないのも、そのキノコが分解《ぶんかい》の役目《やくめ》をバトンタッチされて、自分《じぶん》のすきな養分《ようぶん》を食《た》べつくすと、もうあとは生《い》きていることができないからです。

キノコをかんさつするときは、このほかにキノコのまわりの生物《せいぶつ》と、どんな関係《かんけい》をもちながらくらしているかも、考《かんが》えながらかんさつしましょう。

＊キノコ中毒《ちゅうどく》をふせごう

きみたちは、知《し》らないキノコをみつけたときに、最初《さいしょ》になにを考《かんが》えますか。「このキノコは食《た》べられるかな？それとも毒《どく》キノコかな？……」

おそらく多《おお》くの人《ひと》びとにとって、キノコに対《たい》する関心《かんしん》は、食《た》べられるかどうかということのようです。でも、まちがった毒《どく》キノコの見《み》わけ方《かた》が、むかしから科学時代《かがくじだい》の今日《こんにち》まで、多《おお》くの人《ひと》びとに信《しん》じられてきました。

キノコ中毒《ちゅうどく》をなくすには、まず、つぎのようなあやまった迷信《めいしん》をすてなければなりません。

○くきが縦《たて》にさけるキノコは食《た》べられる。
○毒《どく》キノコはあざやかな毒《どく》どくしい色《いろ》をしている。
○どんなキノコでもナスといっしょににれば中毒《ちゅうどく》しない。
○ナメクジや虫《むし》が食《た》べているキノコは食《た》べられる。
○毒《どく》キノコはいやなにおいがする。

これらは、みんな科学的《かがくてき》な根《こん》きょのない迷信《めいしん》です。こんな見《み》わけ方《かた》をしていたら、毒《どく》キノコのほとんどは食《た》べられるキノコになってしまい、ほんとうにおいしい食用《しょくよう》

⬆人間《にんげん》が食用《しょくよう》にしているハエトリシメジも，ハエが食《た》べると死《し》んでしまいます。地方《ちほう》によっては，ハエとりにつかっています。

●キノコ中毒《ちゅうどく》をふせぐために

11〜13ページに代表的《だいひょうてき》な毒《どく》キノコの写真《しゃしん》をのせましたが，このほかに**タマゴテングタケ，シロタマゴテングタケ，カキシメジ，ドクササコ，ニセクロハツ**など30種類《しゅるい》くらいの毒《どく》キノコがあります。これらを図鑑《ずかん》でしらべたり，キノコにくわしい人《ひと》におしえてもらい，正確《せいかく》におぼえましょう。

とくに猛毒《もうどく》キノコの**タマゴテングタケ**や**シロタマゴテングタケ，ドクツルタケ**は，くきにつばやつぼがあるので，これらのとくちょうをもったキノコをみたら，まず毒《どく》キノコではないかとうたがってみましょう。根《ね》もとのつぼは落葉《おちば》にかくれていることがあるので，かならず根《ね》もとからほりおこしてみましょう。

毎年《まいねん》，もっとも中毒《ちゅうどく》が多《おお》いのは**ツキヨタケ**です。このキノコはさくと，くきのところに黒《くろ》っぽいしみがあるのでわかります。このことをみんながしっていたら，日本《にっぽん》のキノコ中毒《ちゅうどく》は，いまの半分《はんぶん》にはへるでしょう。

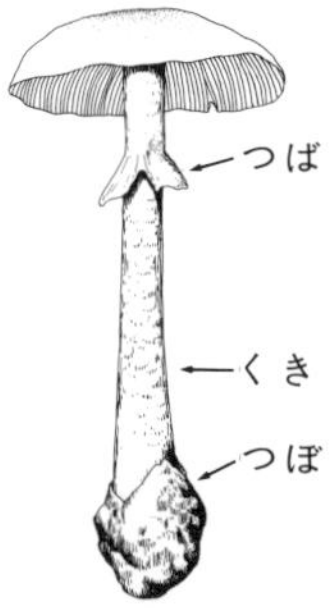

シロタマゴテングタケ

ツキヨタケ

キノコのいくつかは毒《どく》キノコにされてしまいます。

たとえば、ほとんどの毒《どく》キノコはくきがきれいに縦《たて》にさけます。ぎゃくに食用《しょくよう》キノコのハツタケやチチタケは、くきがきれいにさけません。

おいしい食用《しょくよう》キノコ、タマゴタケも色《いろ》があざやかで毒《どく》どくしいので、毒《どく》キノコにされてしまいます。

また、ナスといっしょににても毒《どく》をけすことはできませんし、虫《むし》が食《た》べているからといって、人間《にんげん》には安全《あんぜん》だとはかぎりません。反対《はんたい》に、人間《にんげん》が食《た》べて平気《へいき》な食用《しょくよう》キノコで、虫《むし》が死《し》ぬことだってあるのですから。

このようなまちがった毒《どく》キノコの見《み》わけ方《かた》がいまでも信《しん》じられているために、毎年不幸《まいねんふこう》にも、多《おお》くのキノコ中毒事件《ちゅうどくじけん》がおきています。そのため、キノコはおそろしいものだという、あやまった考《かんが》えをもつ人《ひと》すらいます。

どんな猛毒《もうどく》キノコでも、さわったり、味《あじ》をみるだけで、のみこみさえしなければ中毒《ちゅうどく》はしません。毒《どく》キノコこそ色《いろ》や形《かたち》だけでなく、味《あじ》やにおいまでよくかんさつしてほしいものです。

＊菌類《きんるい》の利用《りよう》

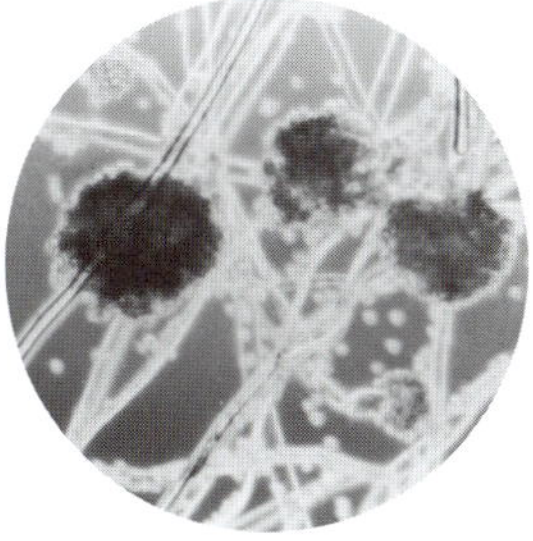

コウジカビ

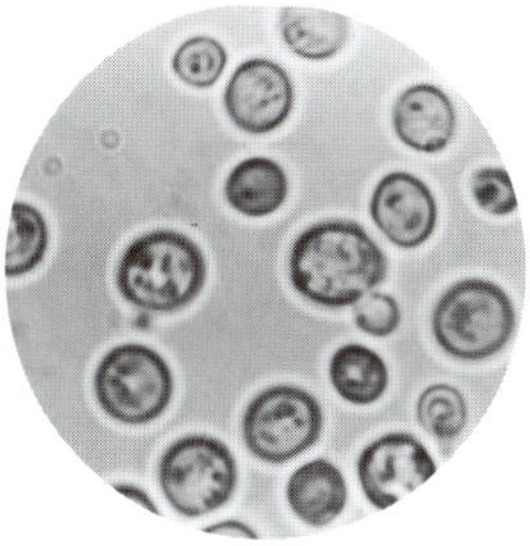

酵母《こうぼ》

⬆ナメコのさいばい。ブナなどのかれ木に菌《きん》をうえつけてつくります。

菌《きん》類《るい》は、自然界《しぜんかい》の分解者《ぶんかいしゃ》としてたいせつなはたらきをもっているばかりでなく、わたしたちの生活《せいかつ》にもふかいかかわりをもっています。

まずキノコは自然食品《しぜんしょくひん》としての価値《かち》が高《たか》く、シイタケ、エノキタケ、ナメコ、マッシュルーム（ツクリタケ）など、何種類《なんしゅるい》かのキノコはさいばいもされています。

酵母《こうぼ》は、糖分《とうぶん》をアルコールと二酸化炭素《にさんかたんそ》にかえる強《つよ》いはたらきをもっています。このはたらきを利用《りよう》して、ビール、日本酒《にほんしゅ》、ブドウ酒《しゅ》などをつくるのに利用《りよう》します。また発酵《はっこう》したときにでる二酸化炭素《にさんかたんそ》を利用《りよう》して、パンづくりにも利用《りよう》されています。

コウジカビは、でんぷんを糖分《とうぶん》にかえるはたらきを利《り》用《よう》してコウジをつくり、日本酒《にほんしゅ》がつくられます。おなじコウジカビのなかまでも、たん白質《ぱくしつ》を分解《ぶんかい》する力《ちから》が強《つよ》いものは、みそやしょう油《ゆ》をつくるのに利用《りよう》されています。

アオカビは、ペニシリンなど病気《びょうき》のときにつかう抗生《こうせい》物質《ぶっしつ》をつくったり、チーズづくりにも役立《やくだ》っています。

あとがき

落葉《おちば》やかれ木《き》にはえた小《ちい》さなキノコを、アリになったつもりで、地面《じめん》にはいつくばってみあげてみました。そこには「森《もり》の妖精《ようせい》」ということばにふさわしい、美《うつく》しくかれんなキノコの姿《すがた》がありました。自然《しぜん》のつくりだした造形物《ぞうけいぶつ》のすばらしさにおどろき、そして美《うつく》しいたからものをみつけたよろこびでいっぱいになりました。それ以来《いらい》、わたしはすっかりキノコのとりこになりました。

カメラでキノコの魅力《みりょく》を追《お》いもとめるうちに、だんだんキノコのほんとうの姿《すがた》がわかってきました。これまで人間《にんげん》は、ほかの生物《せいぶつ》よりすぐれた生《い》き物《もの》だとおもいあがり、多《おお》くの自然《しぜん》をこわしてきました。しかし、雑草《ざっそう》も昆虫《こんちゅう》も、そして、キノコも、人間《にんげん》が生《い》きていくためには、かかせないたいせつななかまなのです。

わたしたちは小《ちい》さな自然《しぜん》のかたすみにも、もっともっと目《め》をむけなければいけません。そして、アリになったつもりでキノコをみあげたときのきもちを、わたしはいつまでもわすれてはいけないとおもっています。

キノコの写真《しゃしん》をとるにあたり、多《おお》くの人《ひと》たちにはえている場所《ばしょ》などをおしえていただきました。また、キノコの知識《ちしき》の多《おお》くは、この本《ほん》を監修《かんしゅう》してくださった今関六也《いまぜきろくや》先生《せんせい》からおしえていただきました。みなさんの協力《きょうりょく》がなければ、とても一冊《いっさつ》の本《ほん》にはならなかったでしょう。みなさん、ありがとうございました。

伊沢正名《いざわまさな》
（一九七七年十一月）

NDC474
伊沢正名
科学のアルバム　植物9
キノコの世界

あかね書房 2022
62P　23×19cm

科学のアルバム
キノコの世界

一九七七年一一月初版
二〇〇五年 四 月新装版第 一 刷
二〇二二年一〇月新装版第一三刷

著者　伊沢正名

発行者　岡本光晴
発行所　株式会社 あかね書房
〒一〇一―〇〇六五
東京都千代田区西神田三―二―一
電話〇三―三二六三―〇六四一（代表）
http://www.akaneshobo.co.jp
印刷所　株式会社 精興社
写植所　株式会社 田下フォト・タイプ
製本所　株式会社 難波製本

ISBN978-4-251-03357-4
定価は裏表紙に表示してあります。
落丁本・乱丁本はおとりかえいたします。

○表紙写真
・コベニヤマタケ
○裏表紙写真（上から）
・発光《はっこう》するシイノトモシビタケ
・キヌガサタケ
・シワカラカサタケの菌輪《きんりん》
○扉写真
・ホウキタケの仲間《なかま》
○もくじ写真
・ワサビタケ

科学のアルバム

全国学校図書館協議会選定図書・基本図書
サンケイ児童出版文化賞大賞受賞

虫

- モンシロチョウ
- アリの世界
- カブトムシ
- アカトンボの一生
- セミの一生
- アゲハチョウ
- ミツバチのふしぎ
- トノサマバッタ
- クモのひみつ
- カマキリのかんさつ
- 鳴く虫の世界
- カイコ まゆからまゆまで
- テントウムシ
- クワガタムシ
- ホタル 光のひみつ
- 高山チョウのくらし
- 昆虫のふしぎ 色と形のひみつ
- ギフチョウ
- 水生昆虫のひみつ

植物

- アサガオ たねからたねまで
- 食虫植物のひみつ
- ヒマワリのかんさつ
- イネの一生
- 高山植物の一年
- サクラの一年
- ヘチマのかんさつ
- サボテンのふしぎ
- キノコの世界
- たねのゆくえ
- コケの世界
- ジャガイモ
- 植物は動いている
- 水草のひみつ
- 紅葉のふしぎ
- ムギの一生
- ドングリ
- 花の色のふしぎ

動物・鳥

- カエルのたんじょう
- カニのくらし
- ツバメのくらし
- サンゴ礁の世界
- たまごのひみつ
- カタツムリ
- モリアオガエル
- フクロウ
- シカのくらし
- カラスのくらし
- ヘビとトカゲ
- キツツキの森
- 森のキタキツネ
- サケのたんじょう
- コウモリ
- ハヤブサの四季
- カメのくらし
- メダカのくらし
- ヤマネのくらし
- ヤドカリ

天文・地学

- 月をみよう
- 雲と天気
- 星の一生
- きょうりゅう
- 太陽のふしぎ
- 星座をさがそう
- 惑星をみよう
- しょうにゅうどう探検
- 雪の一生
- 火山は生きている
- 水 めぐる水のひみつ
- 塩 海からきた宝石
- 氷の世界
- 鉱物 地底からのたより
- 砂漠の世界
- 流れ星・隕石